350 ejercicios de

tablas de multiplicar

para 2º de Primaria

II

Proyecto Aristóteles

ISBN: 149544970X
ISBN-13: 978-1495449703

Para Coral y Alicia.

CONTENIDOS

PARA COMENZAR

El blasón del Proyecto Aristóteles es el proverbio *usus, magíster egregius* (la práctica es el mejor maestro). El dominio de cualquier disciplina, incluidas las matemáticas, sólo puede adquirirse a través del ejercicio variado y constante. Éste es el motivo por el cual presentamos nuestra serie especial de ejercicios para Segundo de Primaria. El presente volumen está dedicado a ejercitar el conocimiento de las multiplicaciones mediante ejercicios de resolución de multiplicaciones seriadas, actividades para dominar el doble y el triple, así como ejercicios de multiplicación inferencial.

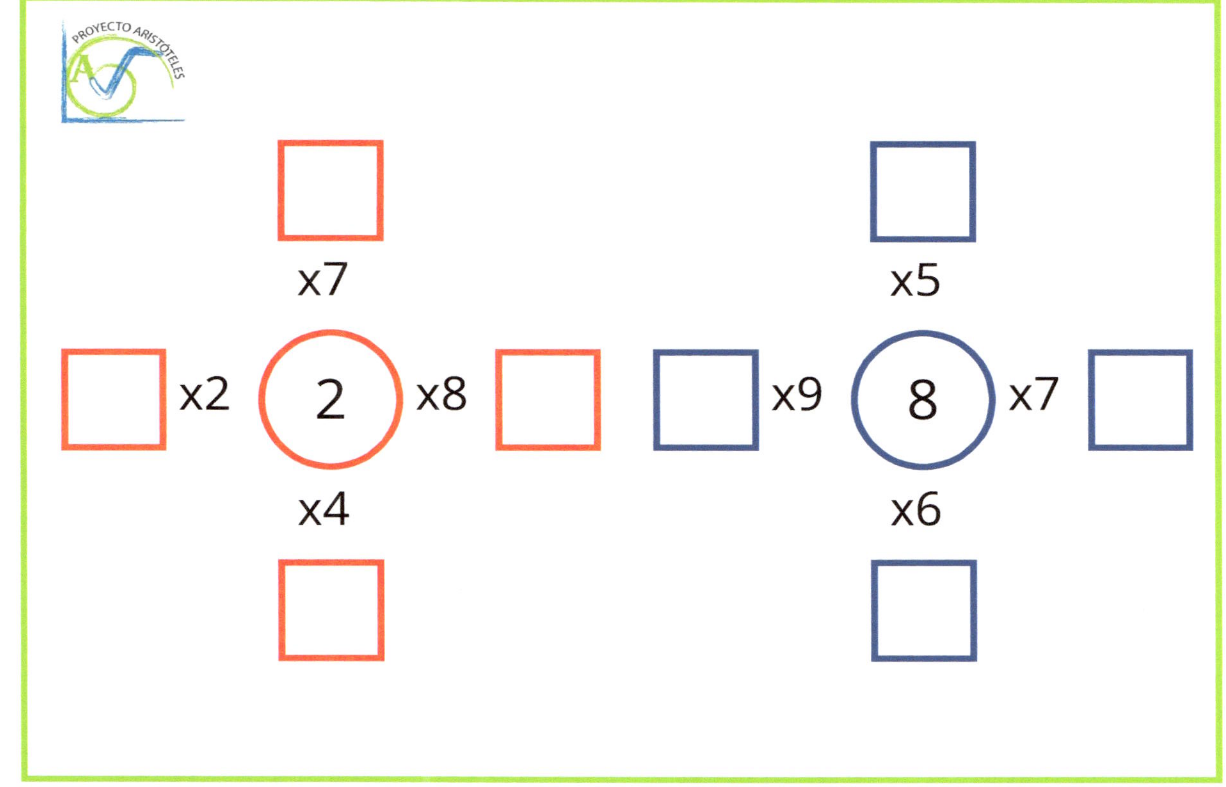
PROYECTO ARISTÓTELES
x7
x2
2
x8
x4
x5
x9
8
x7
x6

El doble.

Para calcular el doble de un número, multiplicamos el número por dos.
Por ejemplo:

$$5 \times 2 = 10$$

El doble de 5 es 10.

Completa.

El doble de 3 es : 3 x 2 = 6	El doble de 6 es:
El doble de 4 es:	El doble de 2 es:
El doble de 9 es:	El doble de 8 es:

Multiplicación. Completa.

45 = 5 x 9	42 =	21 =
36 =	35 =	14 =
20 =	16 =	54 =
18 =	27 =	40 =

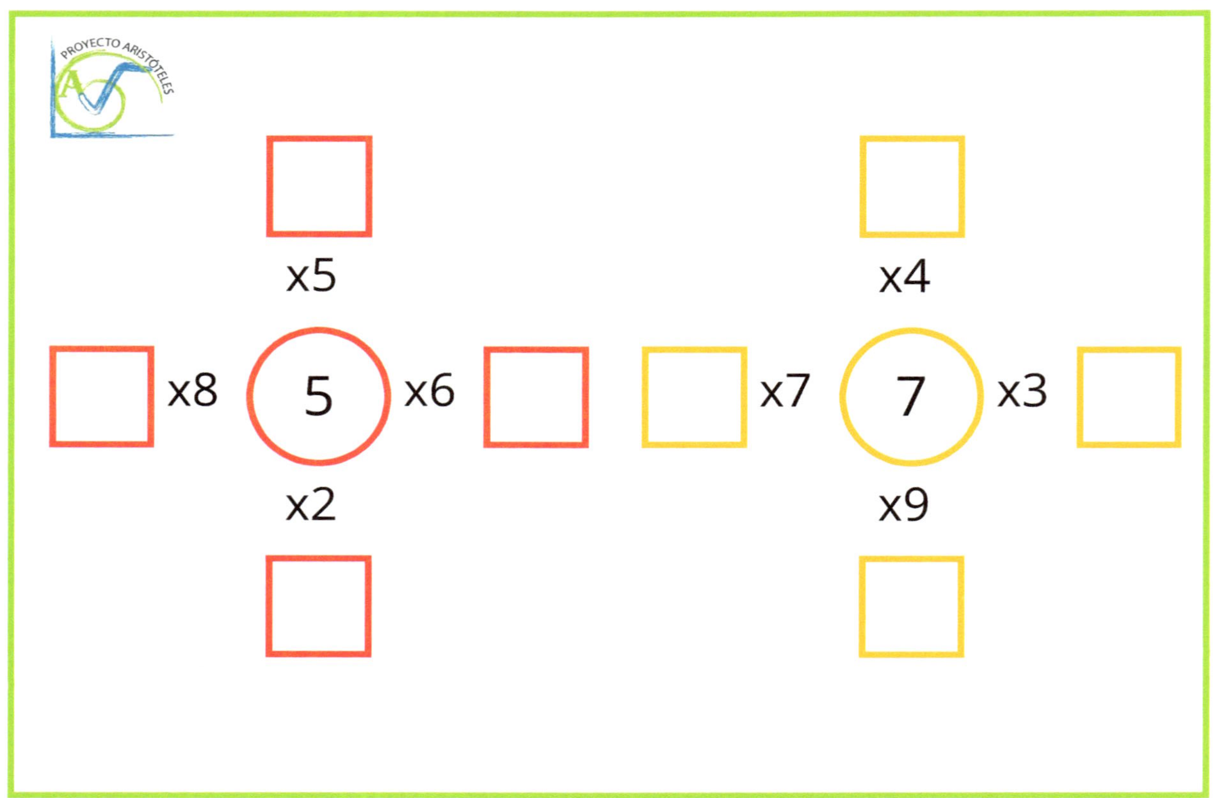
PROYECTO ARISTÓTELES
x5
x8
5
x6
x2
x4
x7
7
x3
x9

El doble.

Para calcular el doble de un número, multiplicamos el número por dos.
Por ejemplo:

$$5 \times 2 = 10$$

El doble de 5 es 10.

Completa.

El doble de 4 es : 4 x 2 = 8

El doble de 10 es:

El doble de 3 es:

El doble de 9 es:

El doble de 6 es:

El doble de 8 es:

Calcula.

2 x ...... = 8	3 x ...... = 12
4 x ...... = 20	6 x ...... = 30
5 x ...... = 45	5 x ...... = 15
6 x ...... = 42	4 x ...... = 16
2 x ...... = 4	3 x ...... = 9

Multiplicación. Completa.

21	=	3 x 7	24	=		42	=
12	=		18	=		30	=
36	=		30	=		27	=
25	=		15	=		16	=

El triple.

Para calcular el triple de un número, multiplicamos el número por tres.

Por ejemplo:

$$5 \times 3 = 15$$

El triple de 5 es 15.

Completa.

El triple de 3 es : 3 x 3 = 9

El triple de 4 es:

El triple de 9 es:

El triple de 6 es:

El triple de 2 es:

El triple de 8 es:

Calcula.

5 x ...... = 15

4 x ...... = 12

7 x ...... = 21

9 x ...... = 27

6 x ...... = 12

2 x ...... = 10

8 x ...... = 16

7 x ...... = 14

3 x ...... = 18

10 x ...... = 30

Multiplicación. Completa.

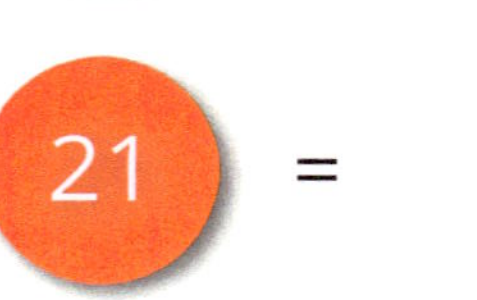

28 =   15 =   27 =

36 =   35 =   14 =

20 =   16 =   54 =

18 =   21 =   40 =

El triple.

Para calcular el triple de un número, multiplicamos el número por tres.
Por ejemplo:

$$5 \times 3 = 15$$

El triple de 5 es 15.

Completa.

El triple de 6 es : 6 x 3 = 18	El triple de 3 es:
El triple de 7 es:	El triple de 4 es:
El triple de 8 es:	El triple de 9 es:

El doble y el triple. Completa.

El doble de 8 es: 8 x 2 = 16

El triple de 5 es:

El doble de 4 es:

El triple de 7 es:

El doble de 9 es:

El triple de 2 es

El doble de 6 es:

Calcula.

5 x ...... = 15

4 x ...... = 20

6 x ...... = 36

5 x ...... = 45

3 x ...... = 18

4 x ...... = 32

3 x ...... = 27

6 x ...... = 48

4 x ...... = 28

5 x ...... = 30

El doble y el triple. Completa.

El doble de 3 es:

El triple de 9 es:

El doble de 8 es:

El triple de 4 es:

El doble de 5 es:

El triple de 6 es

El doble de 9 es:

Multiplicación. Completa.

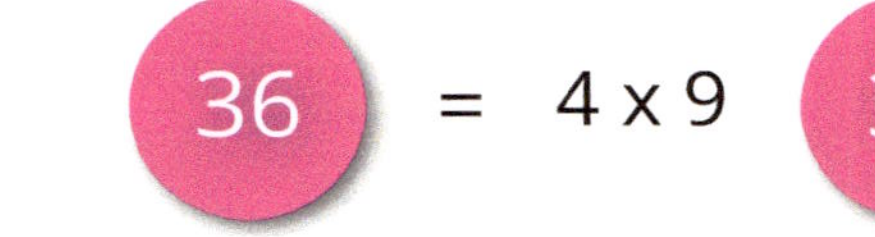

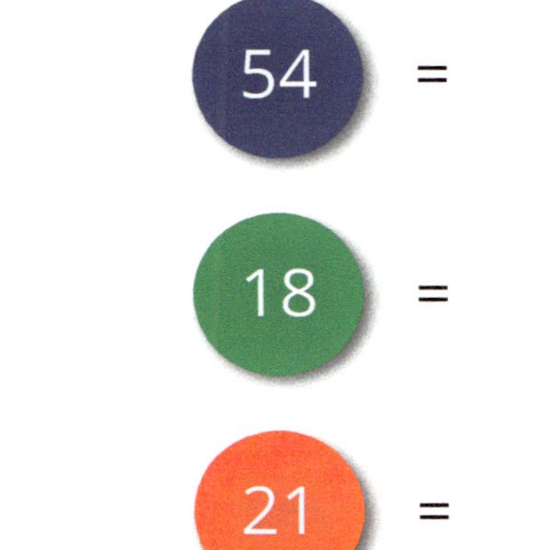

36 = 4 x 9	30 =	20 =
35 =	54 =	24 =
48 =	18 =	14 =
12 =	21 =	15 =

Calcula.

5 x ...... = 15

4 x ...... = 12

7 x ...... = 21

9 x ...... = 27

6 x ...... = 12

2 x ...... = 10

8 x ...... = 16

7 x ...... = 14

3 x ...... = 18

10 x ...... = 30

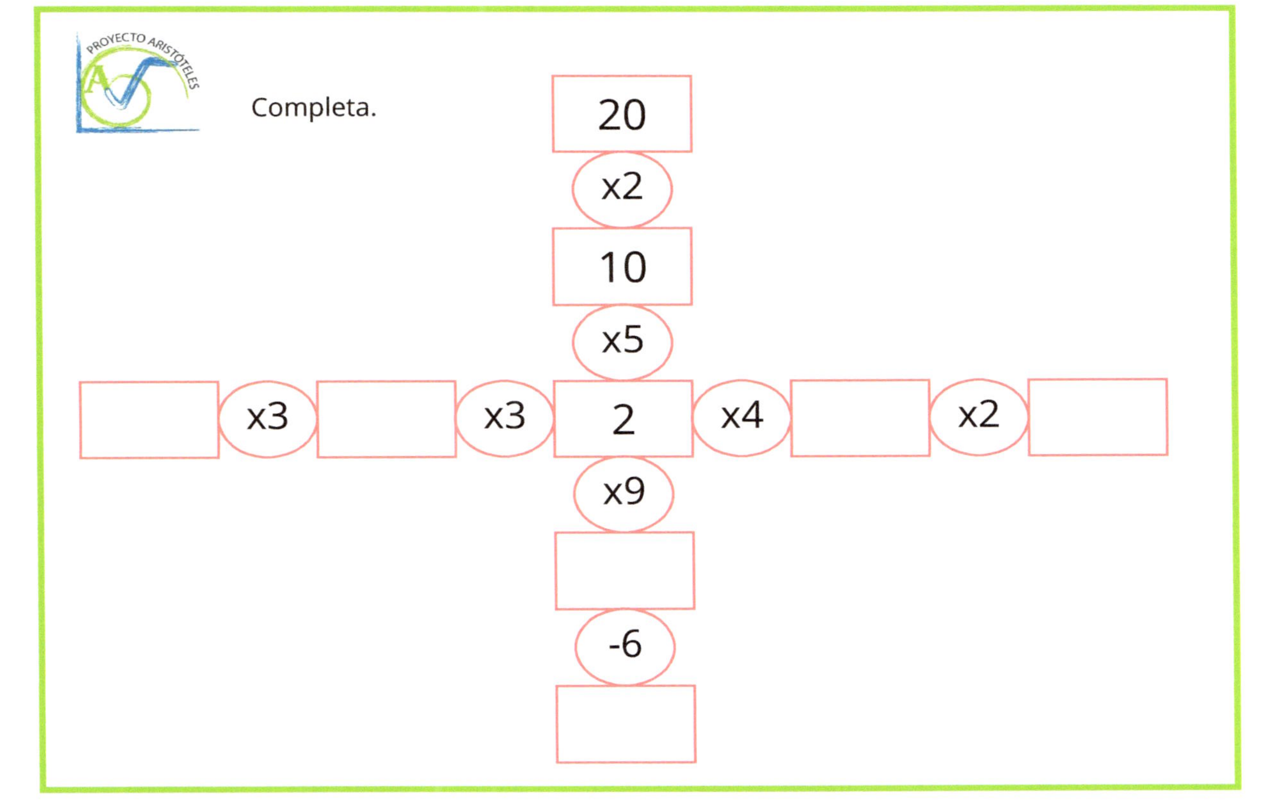
PROYECTO ARISTÓTELES
Completa.
20
x2
10
x5
x3
x3
2
x4
x2
x9
-6

El doble y el triple. Completa.

El doble de 6 es:

El triple de 3 es:

El doble de 2 es:

El triple de 5 es:

El doble de 4 es:

El triple de 7 es

El doble de 8 es:

Multiplicación. Completa.

12 =	42 =	45 =
16 =	24 =	32 =
25 =	10 =	27 =
30 =	12 =	42 =

Calcula.

2 x ...... = 20	2 x ...... = 8
3 x ...... = 24	3 x ...... = 12
2 x ...... = 16	2 x ...... = 10
3 x ...... = 15	3 x ...... = 27
2 x ...... = 18	2 x ...... = 2

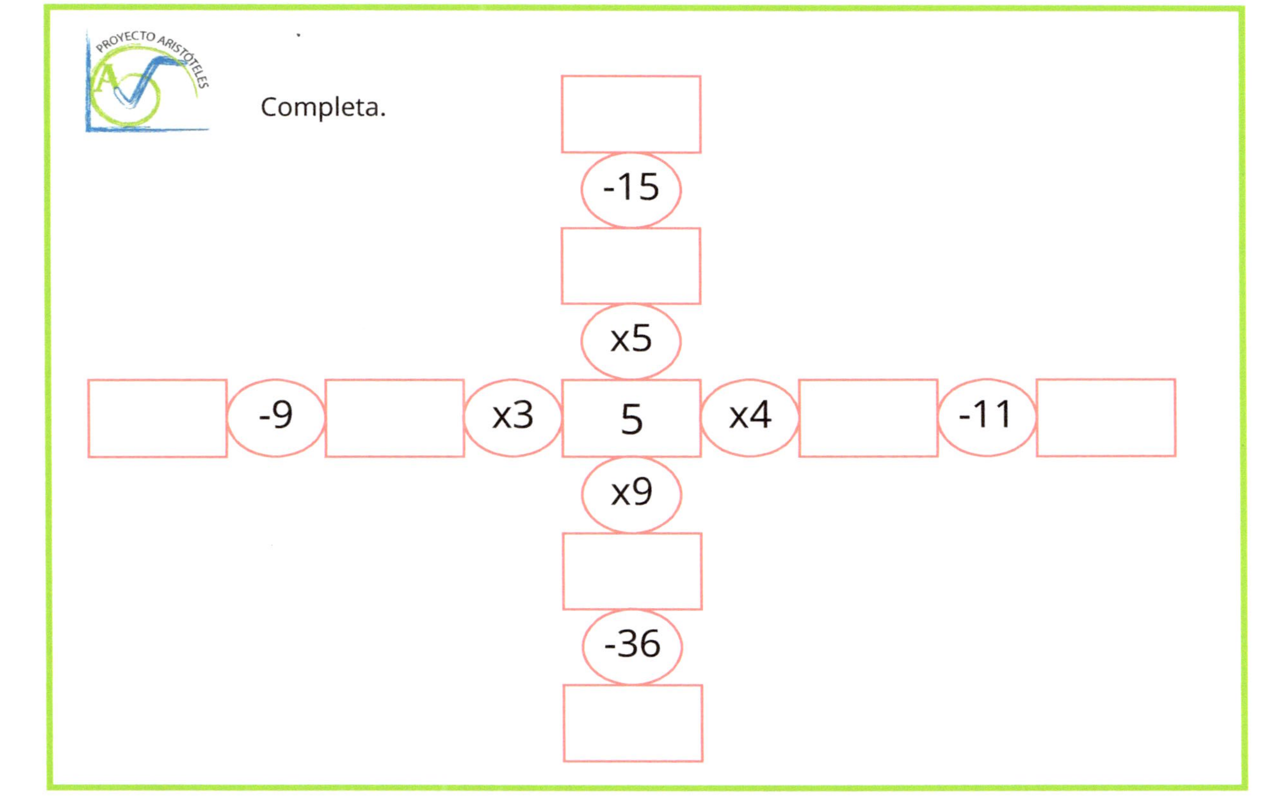
PROYECTO ARISTÓTELES
Completa.
-15
x5
-9
x3
5
x4
-11
x9
-36

El doble y el triple. Completa.

El doble de 4 es:

El triple de 9 es:

El doble de 5 es:

El triple de 3 es:

El doble de 2 es:

El triple de 8 es

El doble de 7 es:

Multiplicación. Completa.

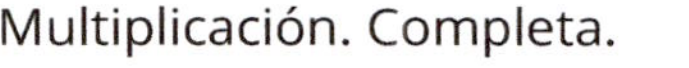

20 =	30 =	24 =
54 =	15 =	32 =
42 =	21 =	27 =
28 =	36 =	48 =

Calcula.

5 x ...... = 10	4 x ...... = 12
7 x ...... = 14	9 x ...... = 18
6 x ...... = 18	2 x ...... = 14
8 x ...... = 24	7 x ...... = 21
3 x ...... = 6	10 x ...... = 20

Completa.

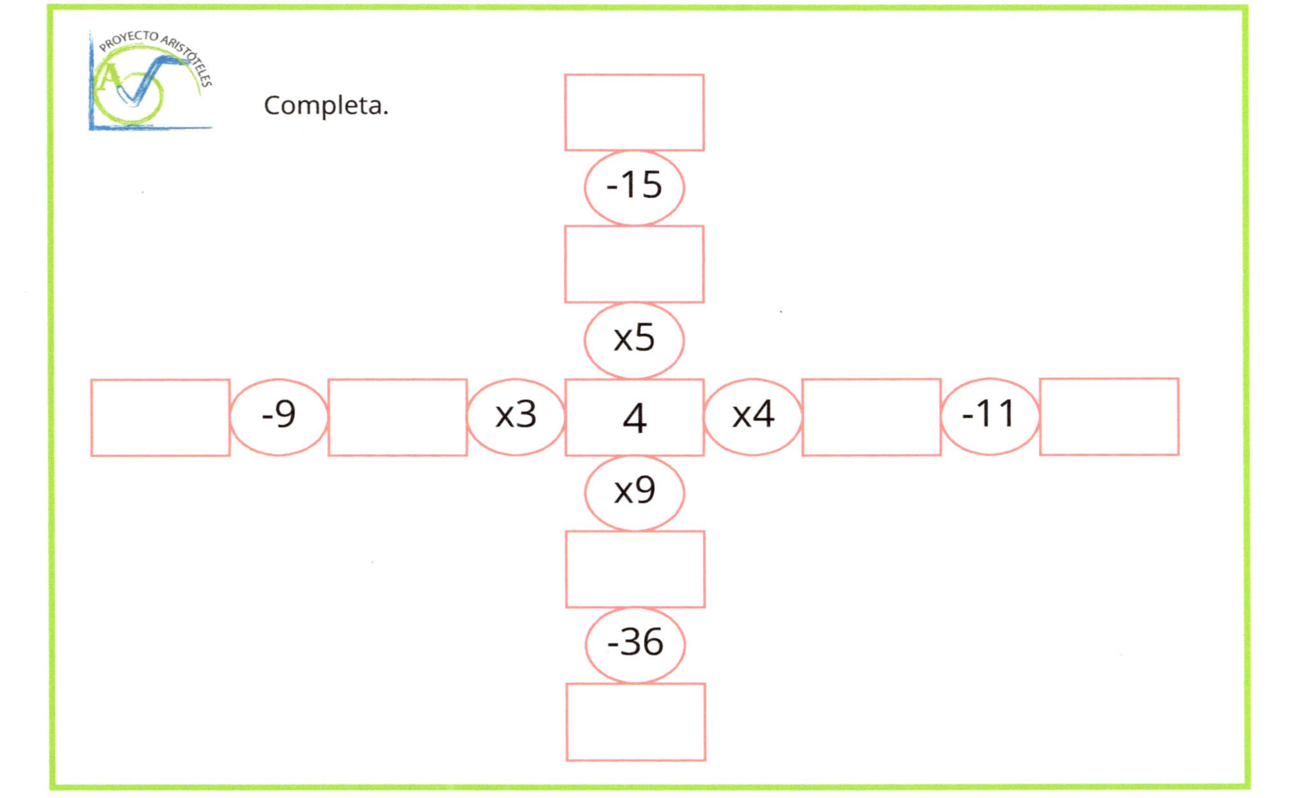

El doble y el triple. Completa.

El doble de 8 es:

El triple de 3 es:

El doble de 7 es:

El triple de 4 es:

El doble de 9 es:

El triple de 5 es

El doble de 6 es:

Multiplicación. Completa.

Calcula.

3 x ...... = 30

3 x ...... = 12

3 x ...... = 18

3 x ...... = 6

3 x ...... = 27

2 x ...... = 18

2 x ...... = 12

2 x ...... = 8

2 x ...... = 16

2 x ...... = 20

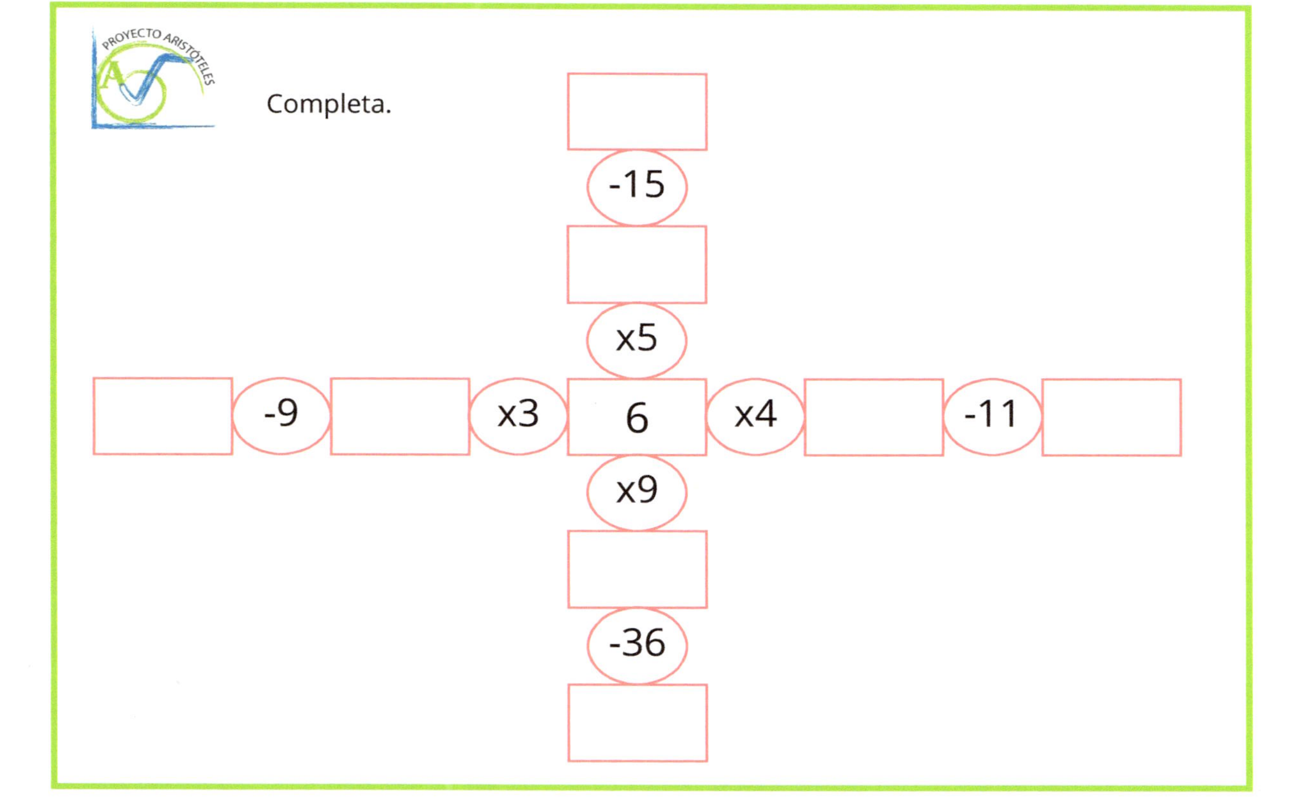
PROYECTO ARISTÓTELES
Completa.
-15
x5
-9
x3
6
x4
-11
x9
-36

El doble y el triple. Completa.

El doble de 5 es:

El triple de 3 es:

El doble de 2 es:

El triple de 9 es:

El doble de 7 es:

El triple de 6 es

El doble de 4 es:

Multiplicación. Completa.

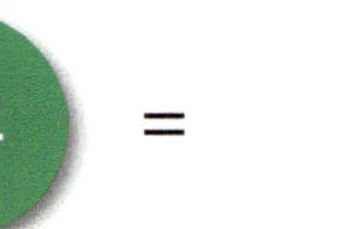

18 =   20 =   35 =

48 =   24 =   15 =

14 =   40 =   8 =

27 =   42 =   16 =

Calcula.

5 x ...... = 15

4 x ...... = 12

7 x ...... = 21

9 x ...... = 27

6 x ...... = 12

2 x ...... = 20

8 x ...... = 16

7 x ...... = 14

3 x ...... = 18

10 x ...... = 30

Completa.

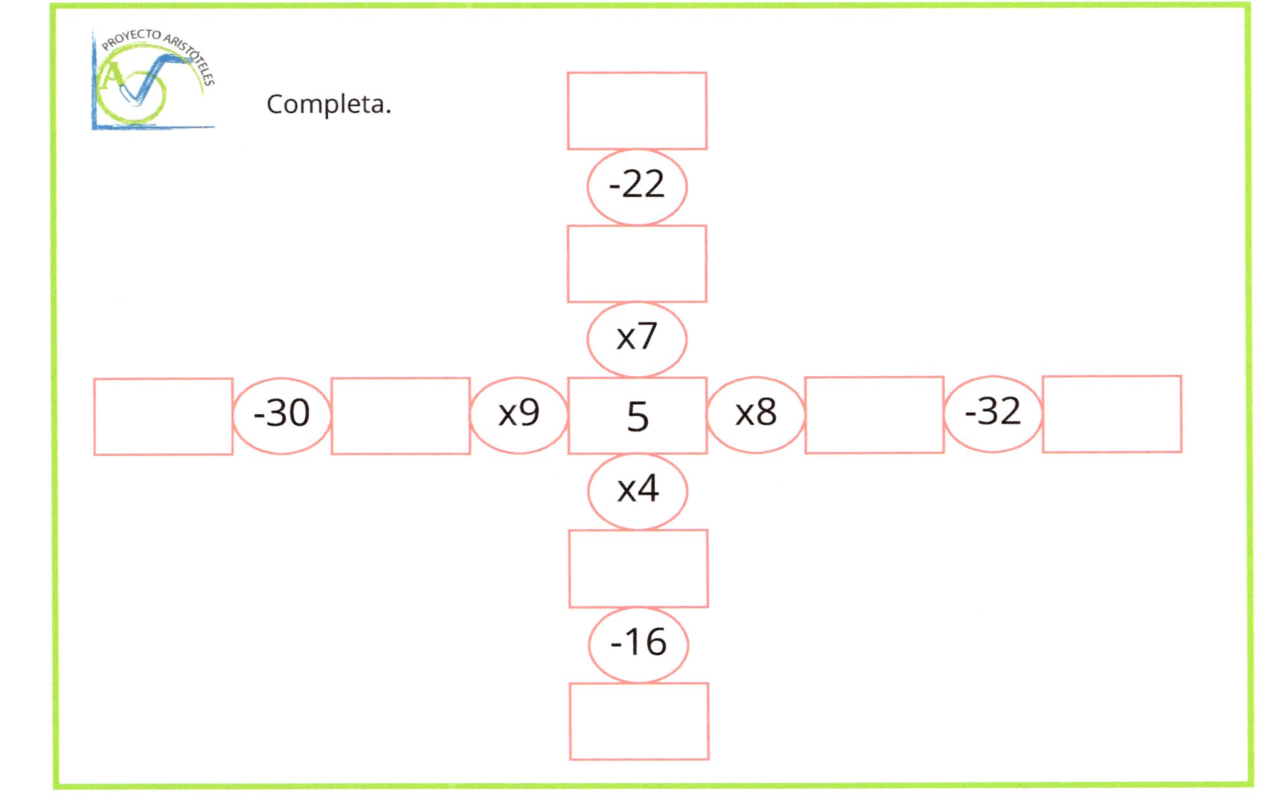

El doble y el triple. Completa.

El doble de 4 es:

El triple de 5 es:

El doble de 7 es:

El triple de 7 es:

El doble de 9 es:

El triple de 2 es

El doble de 6 es:

Multiplicación. Completa.

20 =	15 =	14 =
12 =	30 =	32 =
24 =	21 =	45 =
48 =	54 =	10 =

Calcula.

2 x ...... = 8

2 x ...... = 18

2 x ...... = 6

2 x ...... = 14

2 x ...... = 4

3 x ...... = 12

3 x ...... = 21

3 x ...... = 15

3 x ...... = 27

3 x ...... = 9

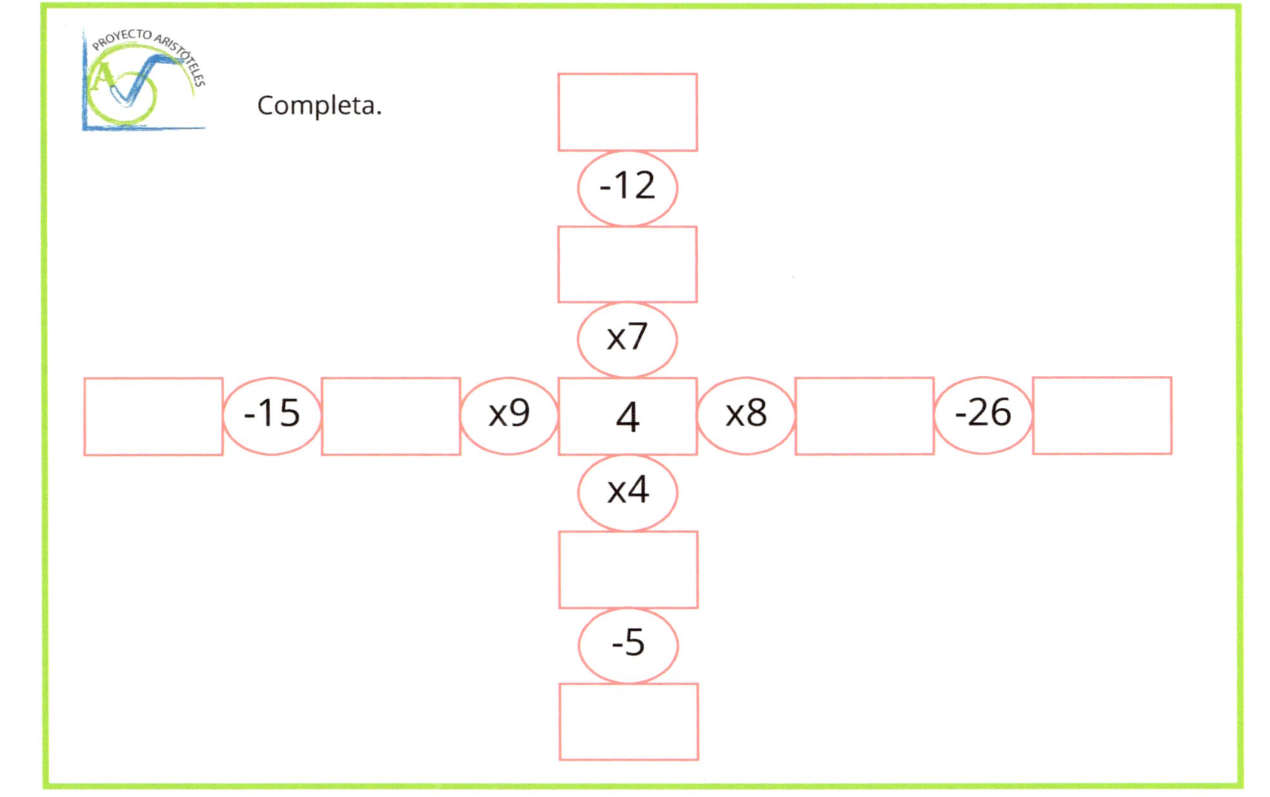
PROYECTO ARISTÓTELES
Completa.
-12
x7
-15
x9
4
x8
-26
x4
-5

El doble y el triple. Completa.

El doble de 9 es:

El triple de 3 es:

El doble de 6 es:

El triple de 8 es:

El doble de 7 es:

El triple de 5 es

El doble de 4 es:

Multiplicación. Completa.

15 =	18 =	48 = 
28 =	20 =	35 =
42 =	21 =	12 =
9 =	40 =	30 =

Calcula.

5 x ...... = 15

4 x ...... = 20

6 x ...... = 36

5 x ...... = 45

3 x ...... = 18

4 x ...... = 32

3 x ...... = 27

6 x ...... = 48

4 x ...... = 28

5 x ...... = 30

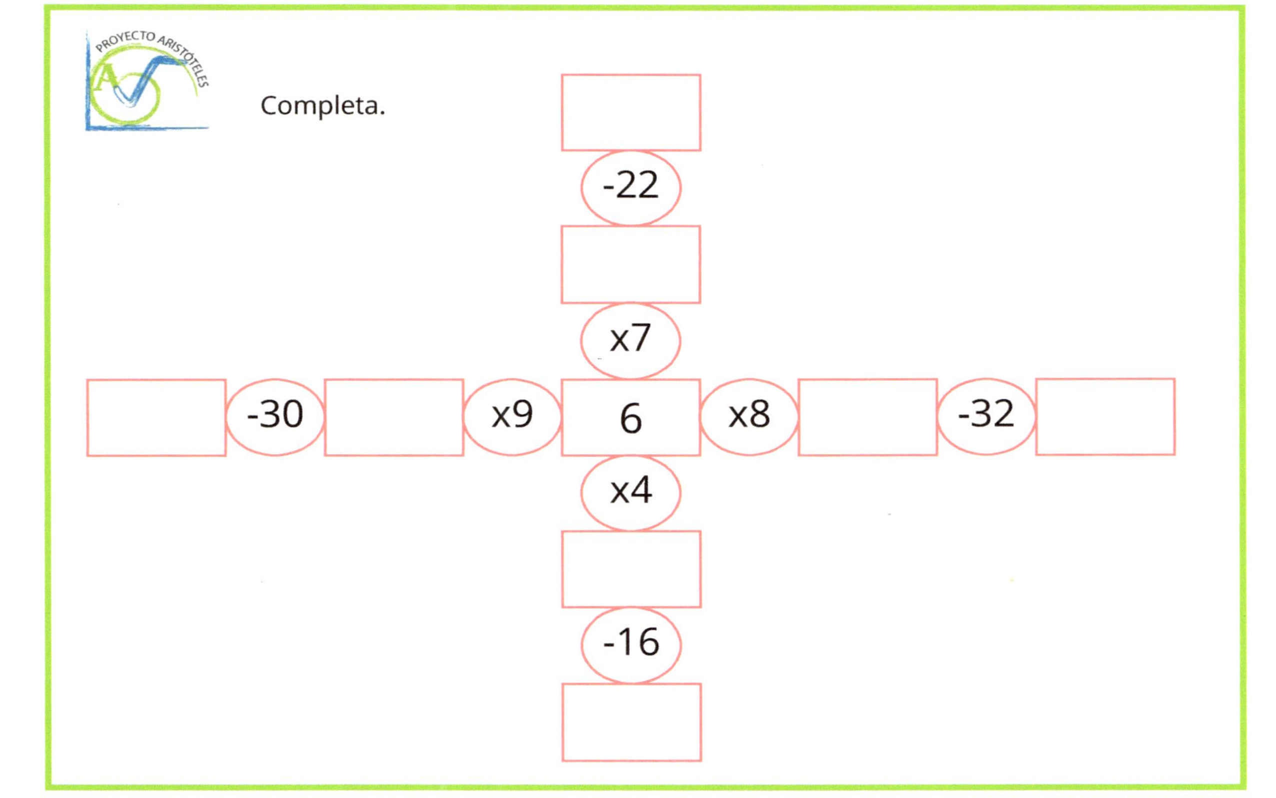
PROYECTO ARISTÓTELES
Completa.
-22
x7
-30
x9
6
x8
-32
x4
-16

El doble y el triple. Completa.

El doble de 8 es: 8 x 2 = 16

El triple de 5 es:

El doble de 4 es:

El triple de 7 es:

El doble de 9 es:

El triple de 2 es

El doble de 6 es:

Multiplicación. Completa.

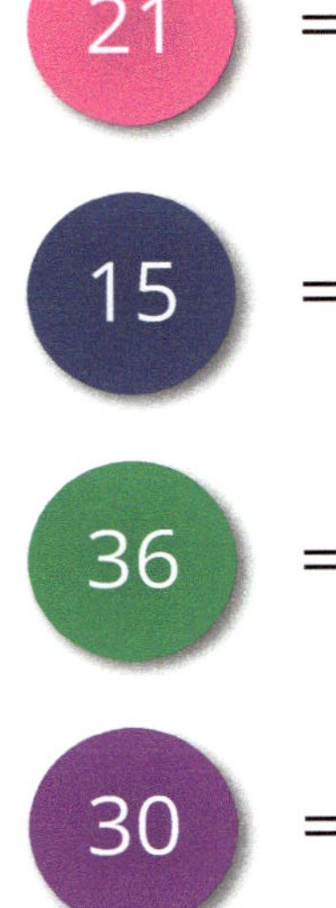

25 =   24 =   21 =

24 =   32 =   15 =

48 =   35 =   36 =

12 =   20 =   30 =

Calcula.

2 x ...... = 20

3 x ...... = 24

4 x ...... = 24

6 x ...... = 48

5 x ...... = 45

5 x ...... = 40

6 x ...... = 24

4 x ...... = 12

3 x ...... = 27

2 x ...... = 2

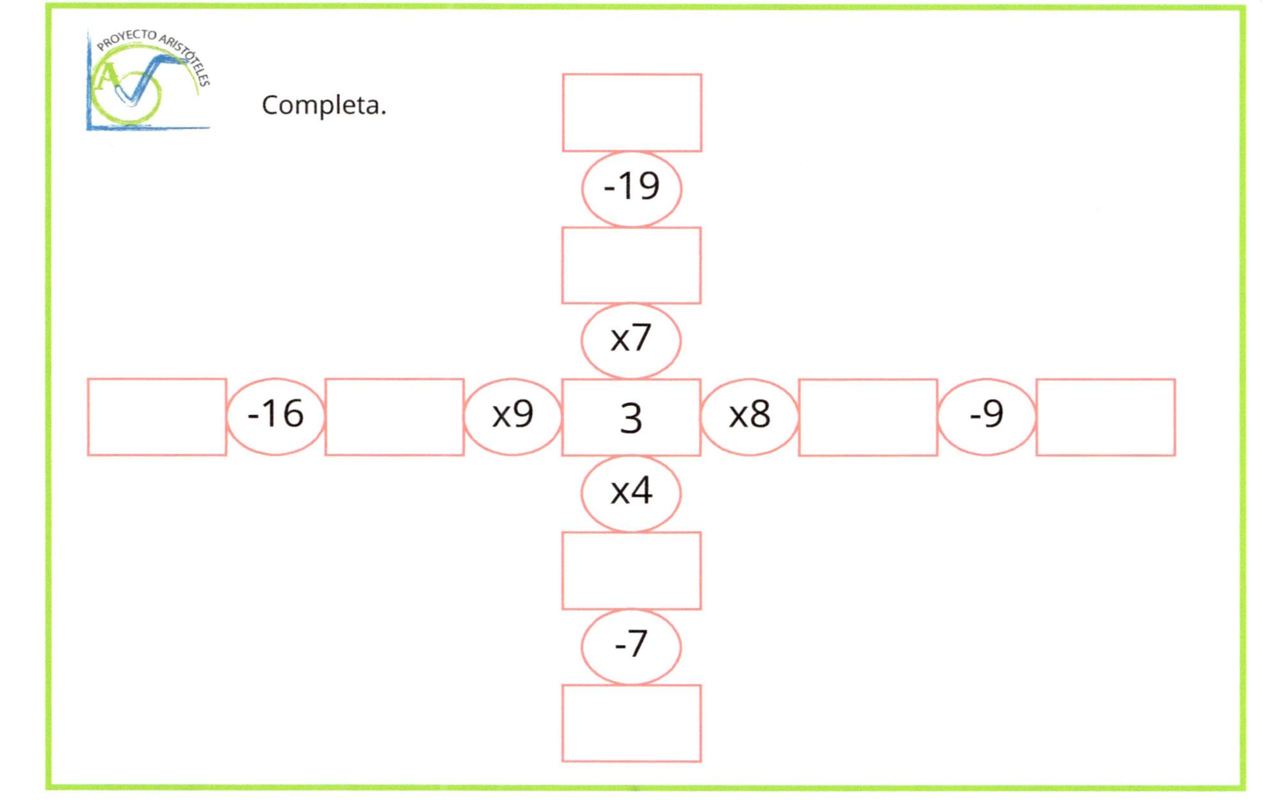
PROYECTO ARISTÓTELES
Completa.
-19
x7
-16
x9
3
x8
-9
x4
-7

El doble y el triple. Completa.

El doble de 3 es:

El triple de 9 es:

El doble de 8 es:

El triple de 4 es:

El doble de 5 es:

El triple de 6 es

El doble de 9 es:

Multiplicación. Completa.

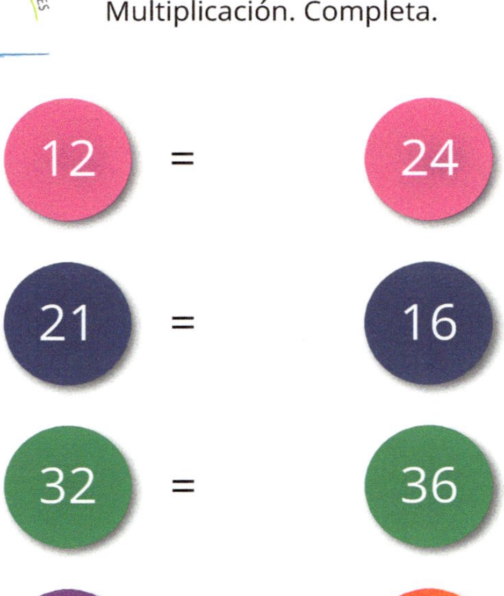

12 =

24 =

25 =

21 =

16 =

50 =

32 =

36 =

18 =

45 =

40 =

15 =

Calcula.

5 x ...... = 25

4 x ...... = 20

6 x ...... = 42

5 x ...... = 35

3 x ...... = 6

4 x ...... = 28

6 x ...... = 60

2 x ...... = 14

5 x ...... = 20

3 x ...... = 27

Completa.

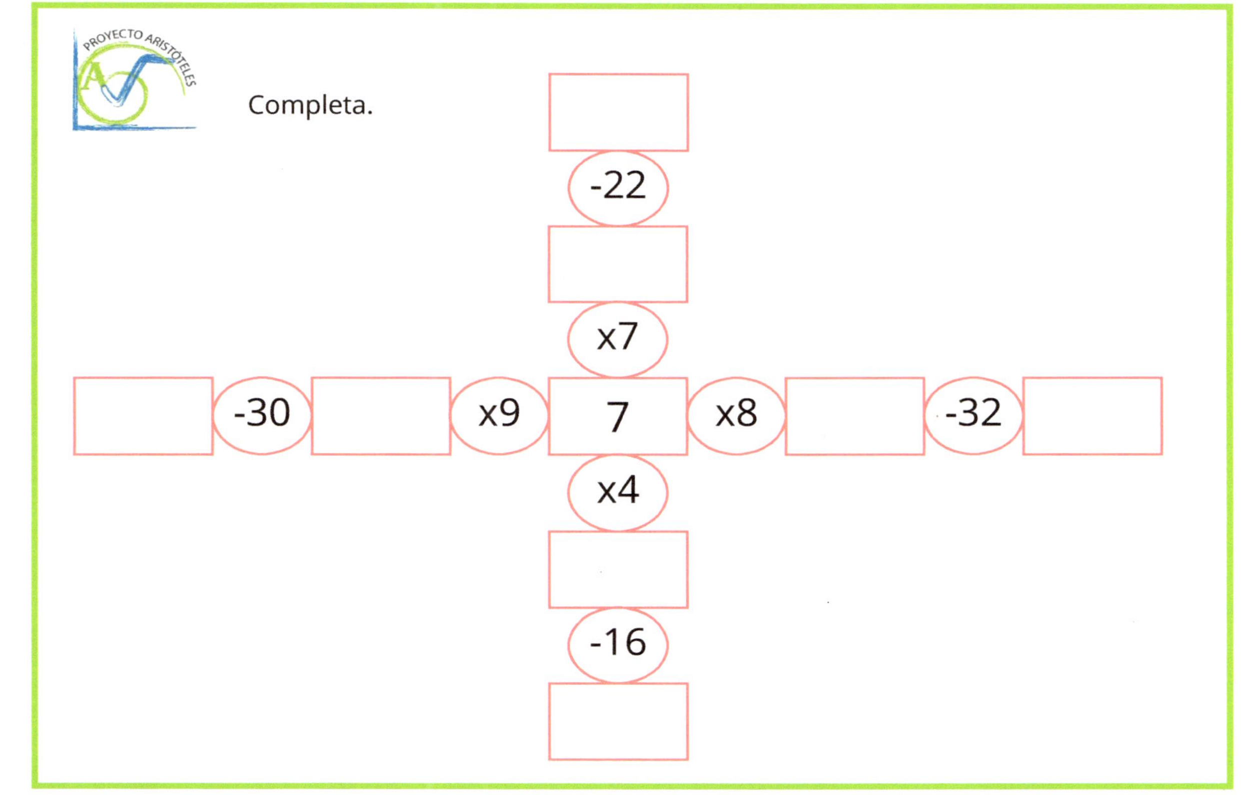

El doble y el triple. Completa.

El doble de 6 es:

El triple de 3 es:

El doble de 2 es:

El triple de 5 es:

El doble de 4 es:

El triple de 7 es

El doble de 8 es:

Multiplicación. Completa.

45 =

42 =

21 =

36 =

35 =

14 =

20 =

16 =

54 =

18 =

27 =

40 =

Calcula.

3 x ...... = 30	2 x ...... = 18
4 x ...... = 16	4 x ...... = 36
5 x ...... = 30	5 x ...... = 35
6 x ...... = 36	6 x ...... = 54
3 x ...... = 27	2 x ...... = 20

Completa.

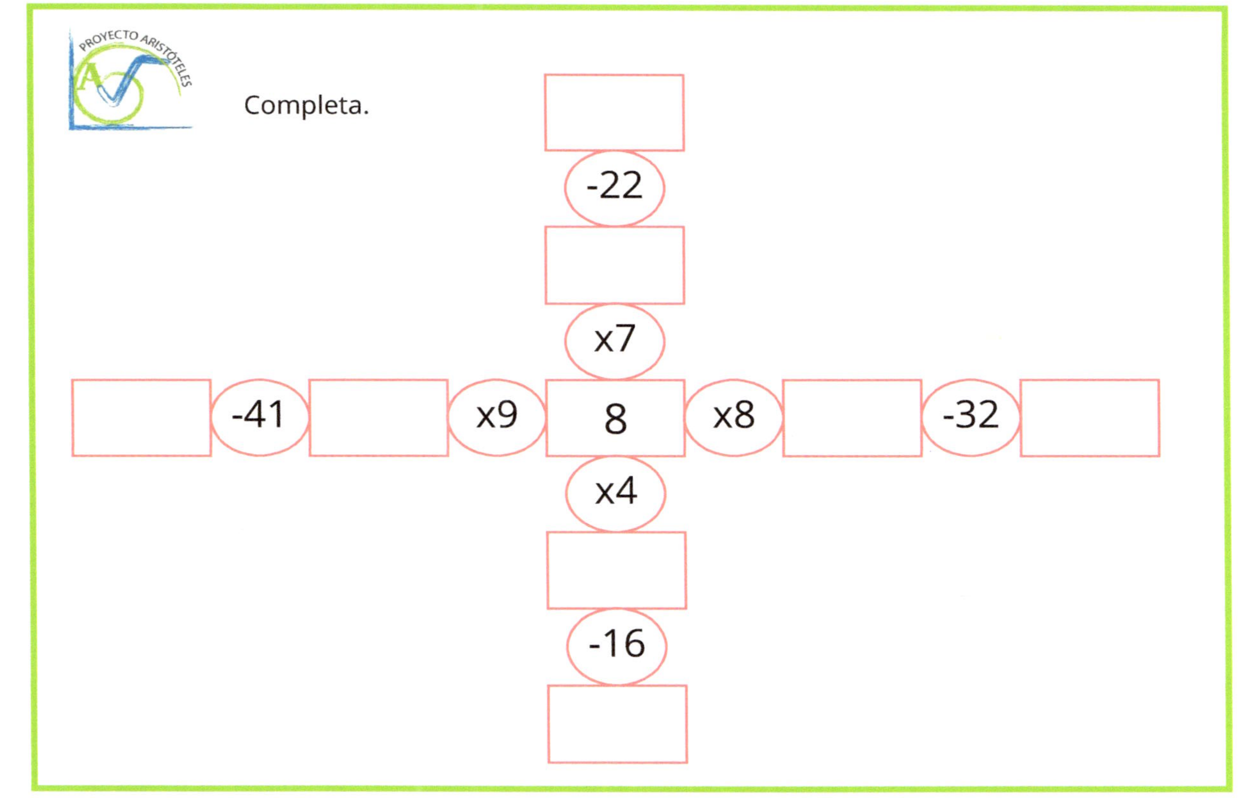

El doble y el triple. Completa.

El doble de 4 es:

El triple de 9 es:

El doble de 5 es:

El triple de 3 es:

El doble de 2 es:

El triple de 8 es

El doble de 7 es:

Multiplicación. Completa.

18 =   48 =   20 =

24 =   54 =   40 =

15 =   27 =   8 =

20 =   16 =   6 =

Calcula.

5 x ...... = 15

4 x ...... = 28

6 x ...... = 54

2 x ...... = 16

3 x ...... = 18

4 x ...... = 28

5 x ...... = 30

2 x ...... = 20

6 x ...... = 48

6 x ...... = 36

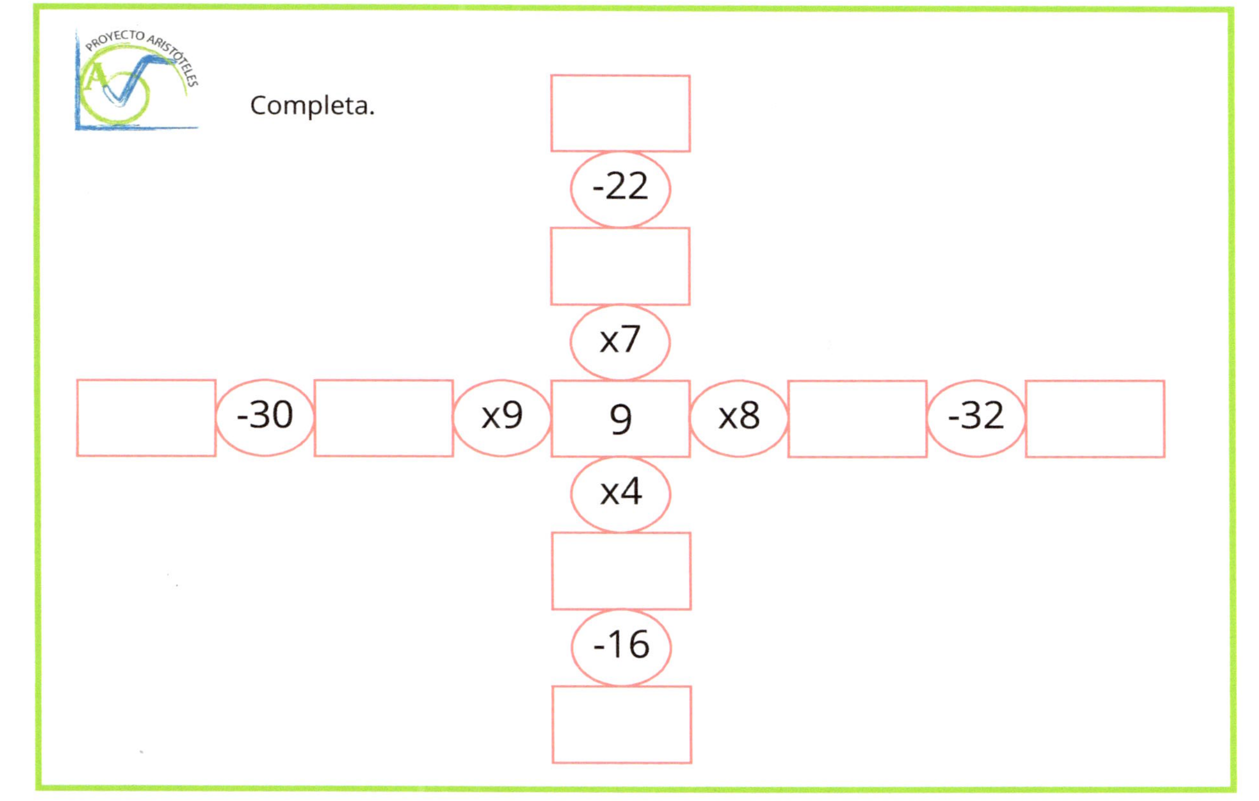
PROYECTO ARISTÓTELES
Completa.
-22
x7
-30
x9
9
x8
-32
x4
-16

El doble y el triple. Completa.

El doble de 8 es:

El triple de 3 es:

El doble de 7 es:

El triple de 4 es:

El doble de 9 es:

El triple de 5 es

El doble de 6 es:

Multiplicación. Completa.

30 =	45 =	9 =
12 =	50 =	27 =
21 =	18 =	60 =
25 =	42 =	28 =

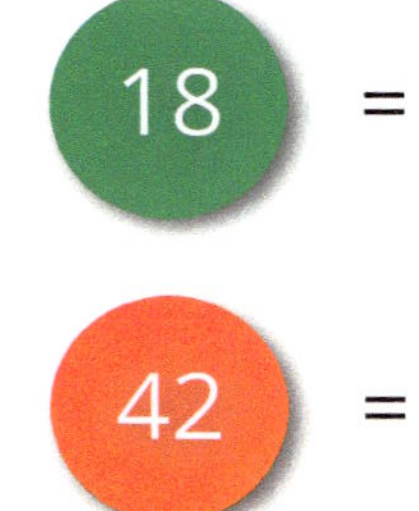

Calcula.

5 x ...... = 15

4 x ...... = 32

6 x ...... = 12

5 x ...... = 30

3 x ...... = 18

4 x ...... = 12

6 x ...... = 24

2 x ...... = 10

5 x ...... = 25

5 x ...... = 50

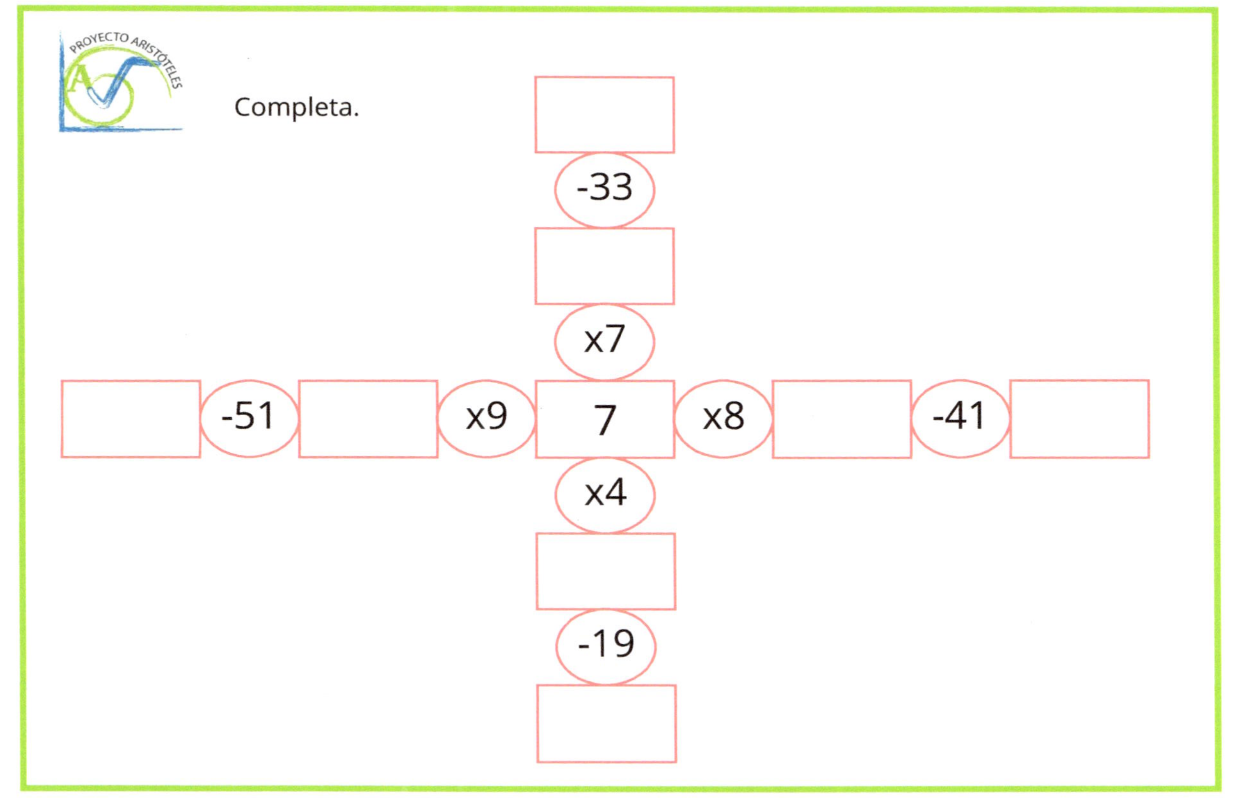
PROYECTO ARISTÓTELES
Completa.
-33
x7
-51
x9
7
x8
-41
x4
-19

El doble y el triple. Completa.

El doble de 5 es:

El triple de 3 es:

El doble de 2 es:

El triple de 9 es:

El doble de 7 es:

El triple de 6 es

El doble de 4 es:

Multiplicación. Completa.

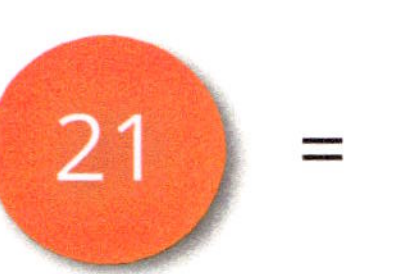

28 =   48 =   20 =

35 =   30 =   45 =

24 =   14 =   54 =

12 =   21 =   10 =

Calcula.

5 x ...... = 15

7 x ...... = 21

6 x ...... = 12

8 x ...... = 16

3 x ...... = 18

4 x ...... = 12

9 x ...... = 27

2 x ...... = 10

7 x ...... = 14

10 x ...... = 30

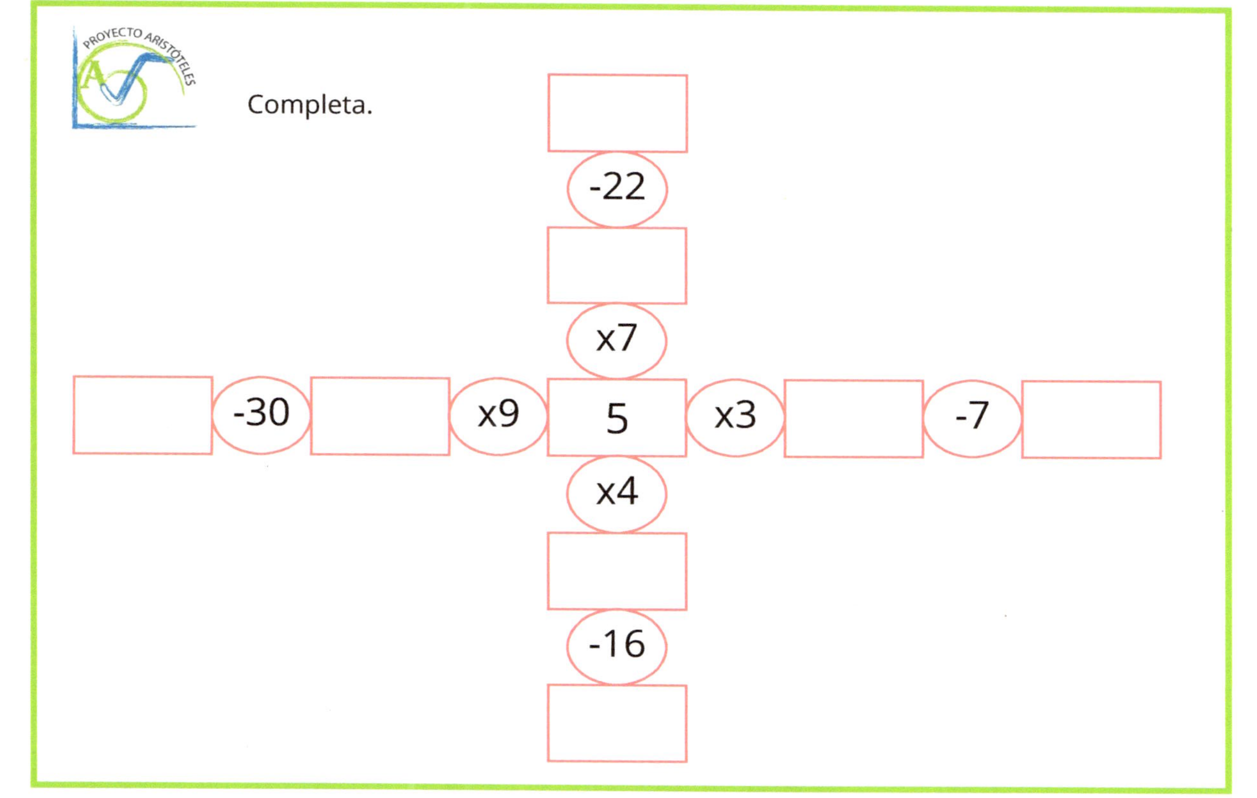
PROYECTO ARISTÓTELES
Completa.
-22
x7
-30
x9
5
x3
-7
x4
-16

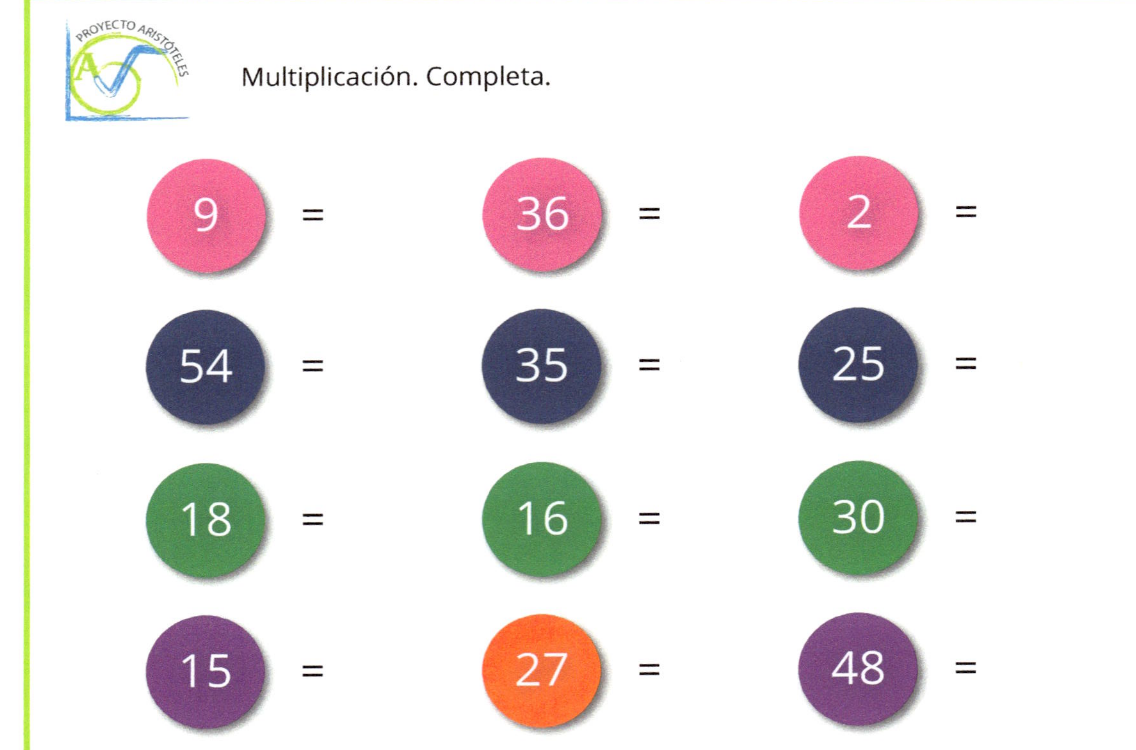
PROYECTO ARISTÓTELES
Multiplicación. Completa.
9 =
36 =
2 =
54 =
35 =
25 =
18 =
16 =
30 =
15 =
27 =
48 =

Calcula.

2 x ...... = 20	2 x ...... = 8
3 x ...... = 24	3 x ...... = 12
2 x ...... = 16	2 x ...... = 10
3 x ...... = 15	3 x ...... = 27
2 x ...... = 18	2 x ...... = 2

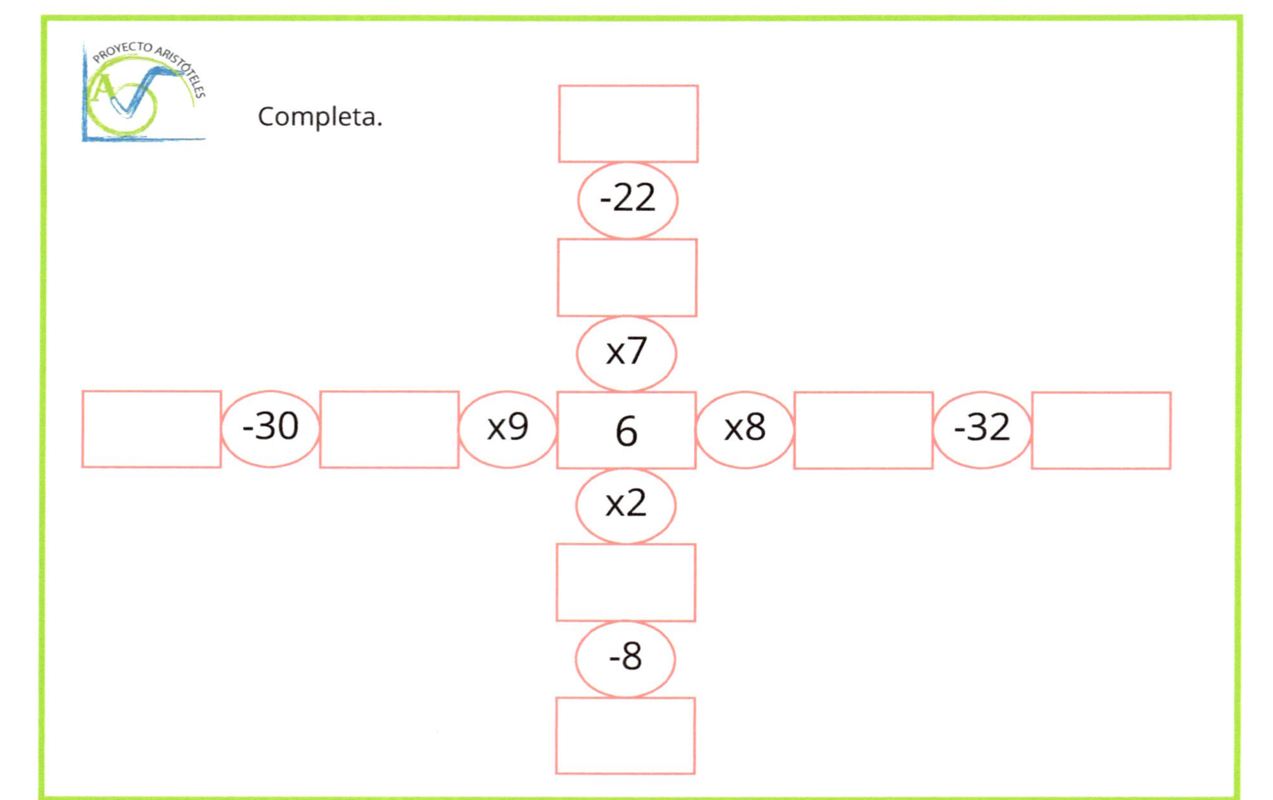
PROYECTO ARISTÓTELES
Completa.
-22
x7
-30
x9
6
x8
-32
x2
-8

Multiplicación. Completa.

27 =	6 =	21 =
32 =	35 =	14 =
25 =	16 =	54 =
12 =	27 =	40 =

Calcula.

5 x ...... = 10

4 x ...... = 12

7 x ...... = 14

9 x ...... = 18

6 x ...... = 18

2 x ...... = 14

8 x ...... = 24

7 x ...... = 21

3 x ...... = 6

10 x ...... = 20

www.ingramcontent.com/pod-product-compliance
Lightning Source LLC
LaVergne TN
LVHW071804230826
846093LV00019B/1

* 9 7 8 1 4 9 5 4 4 9 7 0 3 *